如果化学一开始就这么简单

了不起的
酸碱魔法师

韩国赫尔曼出版社◎著　金银花◎译

北京科学技术出版社

社会

酸性
物质

中和
反应

人物

文化

碱性
物质

指示剂

生活中有很多含有酸或碱的物质。
酸性物质和碱性物质各有什么特征呢？
用科学的眼光来看待酸和碱吧。

生活

中性
物质

pH 值

历史

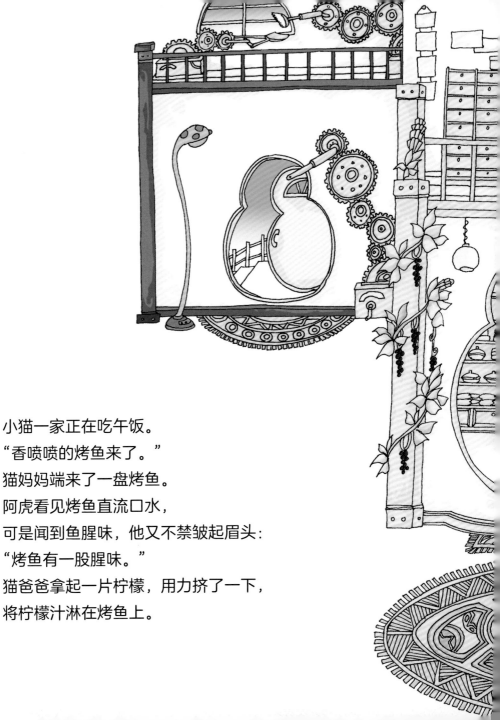

小猫一家正在吃午饭。

"香喷喷的烤鱼来了。"

猫妈妈端来了一盘烤鱼。

阿虎看见烤鱼直流口水，

可是闻到鱼腥味，他又不禁皱起眉头：

"烤鱼有一股腥味。"

猫爸爸拿起一片柠檬，用力挤了一下，

将柠檬汁淋在烤鱼上。

3

阿虎瞪大眼睛兴奋地说：
"哇，好神奇！爸爸，鱼腥味完全消失了。"
"是的。酸性物质与碱性物质发生了中和反应，
所以腥味消失了。"

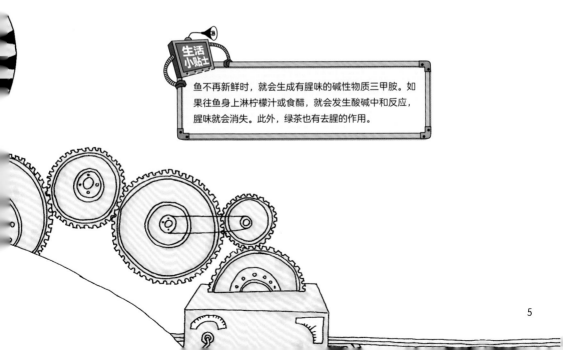

生活小贴士

鱼不再新鲜时，就会生成有腥味的碱性物质三甲胺。如果往鱼身上淋柠檬汁或食醋，就会发生酸碱中和反应，腥味就会消失。此外，绿茶也有去腥的作用。

阿虎疑惑地问爸爸：

"爸爸，酸性和碱性是什么意思？"

爸爸解释说：

"我们周围有很多酸性物质和碱性物质。

酸性物质大都像柠檬一样有酸味，

碱性物质大都像鱼皮一样有涩味。"

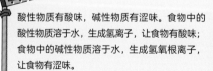

酸性物质有酸味，碱性物质有涩味。食物中的酸性物质溶于水，生成氢离子，让食物有酸味；食物中的碱性物质溶于水，生成氢氧根离子，让食物有涩味。

"噢，我好像懂了。"
阿虎开始逐一分辨
饭桌上的食物是酸性物质
还是碱性物质。
"酸性物质大多有酸味，
对不对？"

发酵的泡菜酸酸的。

柠檬汁是酸酸的。

食醋非常酸。

橙汁是酸甜的。

肥皂滑溜溜的。

管道疏通剂和消毒液的成分对皮肤有伤害，因此应该避免直接接触。

疏通马桶管道的管道疏通剂是滑溜溜的。

消毒液大多是滑溜溜的。

"有涩味就是碱性物质，对不对？"
"碱性物质一般有涩味，所以很多碱性物质不能吃。接触碱性物质时，我们会有一种滑溜溜的感觉。"
阿虎指一指洗手间的方向，问道：
"就像洗手间里的肥皂，是吗？"
"没错。管道疏通剂也是碱性物质。"

酸性物质溶于水，会生成较多的氢离子。

氢离子

氢氧根离子

酸性溶液

碱性物质溶于水，会生成较多的氢氧根离子。

碱性溶液

阿虎吃完饭，喝了一口水，问爸爸：
"爸爸，水是酸性的还是碱性的？"
"水既不是酸性的也不是碱性的，水是中性的。
因为水中氢离子和氢氧根离子的数量相等。
听爸爸详细给你解释解释，好不好？"
猫爸爸是一位科学家，
他带着阿虎前往他的实验室。

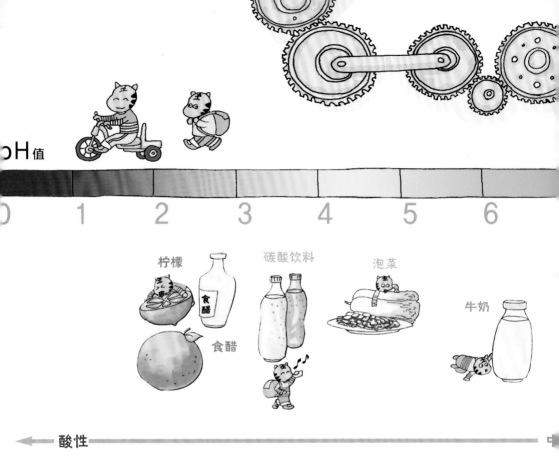

pH值

0　1　2　3　4　5　6

柠檬　　　碳酸饮料　　　泡菜　　　　　牛奶

食醋

← 酸性 ————————————————→ 中

到了实验室，猫爸爸拿出一张彩色图给阿虎看。

"我们可以用 pH 值（氢离子浓度指数）表示溶液的酸碱度。

pH 值等于 7，表示溶液是中性溶液。

pH 值小于 7，表示溶液是酸性溶液，数值越小，溶液的酸性越强。

pH 值大于 7，表示溶液是碱性溶液，数值越大，溶液的碱性越强。"

| 8 | 9 | 10 | 11 | 12 | 13 | 14 |

水

酵母

助消化药

肥皂

消毒液

碱性 →

人物小贴士

丹麦化学家索伦森发明了测量溶液酸碱度的方法。如果溶液的 pH 值小于 7，则表明溶液是酸性的；如果溶液的 pH 值等于 7，则表明溶液是中性的；如果溶液的 pH 值大于 7，则表明溶液是碱性的。

原来，通过 pH 值试纸对照表一眼就可以判断出溶液的酸碱度。

1. 将紫甘蓝剪碎，放入量杯。

紫甘蓝中含有花青素。花青素遇酸变红，遇碱变蓝。含有花青素的溶液是一种酸碱指示剂。除紫甘蓝以外，我们还可以从玫瑰、牵牛花、葡萄等植物中提取花青素制作酸碱指示剂。

2. 往量杯里倒入适量水，加热至水沸腾。

3. 将量杯里的液体过滤干净，便可得到酸碱指示剂。

"爸爸，有没有能判断物质酸碱性的简单方法呢？"
阿虎想得头都大了。
猫爸爸笑着切开紫甘蓝，回答道：
"我们可以用紫甘蓝和水自制酸碱指示剂。"

猫爸爸晃动着量杯里的溶液，告诉阿虎：

"你看，量杯里的溶液是紫色的，这个叫紫甘蓝指示剂。

紫甘蓝指示剂遇酸变红，遇碱变蓝。"

"爸爸，这里有酸甜的橙汁。

我们来试试，看看橙汁是酸性的还是碱性的，好不好？"

猫爸爸把适量紫甘蓝指示剂倒入橙汁中，

量杯里的溶液从黄色变成了红色。

"哇！橙汁是酸性的。"

1. 将紫色的紫甘蓝指示剂倒入黄色的橙汁中。

黄色的橙汁 + 紫色的紫甘蓝指示剂

2. 倒入一定量的紫甘蓝指示剂后，量杯里的溶液颜色逐渐变深。

3. 溶液完全变成了红色。

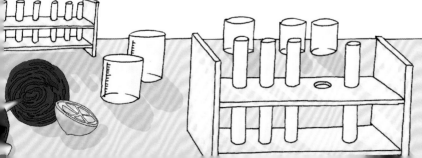

1. 将紫甘蓝指示剂倒入肥皂水中。

肥皂水 + 紫甘蓝指示剂

2. 倒入一定量的紫甘蓝指示剂后，量杯里的溶液开始变色。

3. 溶液完全变成了蓝色。

猫爸爸又拿来肥皂水。

阿虎一边拍手一边兴奋地说：

"肥皂水是碱性的，我猜指示剂会变成蓝色。"

"我们来试一下，看看你猜得对不对。"

猫爸爸把紫甘蓝指示剂倒入肥皂水中。

量杯里的溶液慢慢地变成了蓝色。

"哇！果然是碱性的！"

肥皂水果然是碱性的！

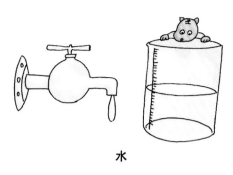

水

紫甘蓝指示剂

接着，阿虎把紫甘蓝指示剂倒入水中，
量杯中溶液的颜色一直保持紫色不变。
"爸爸，为什么指示剂没有变色，一直是紫色的呢？"
"阿虎，还记得吗？
水是中性的，所以指示剂不会变色。"

为什么没有变色呢？

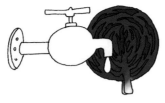

没有颜色变化

因为水是中性的。

阿虎又把紫甘蓝指示剂倒入了不同的溶液中。
"这杯溶液变成了红色，这杯溶液变成了蓝色。
哈哈！爸爸，真神奇，真好玩！"

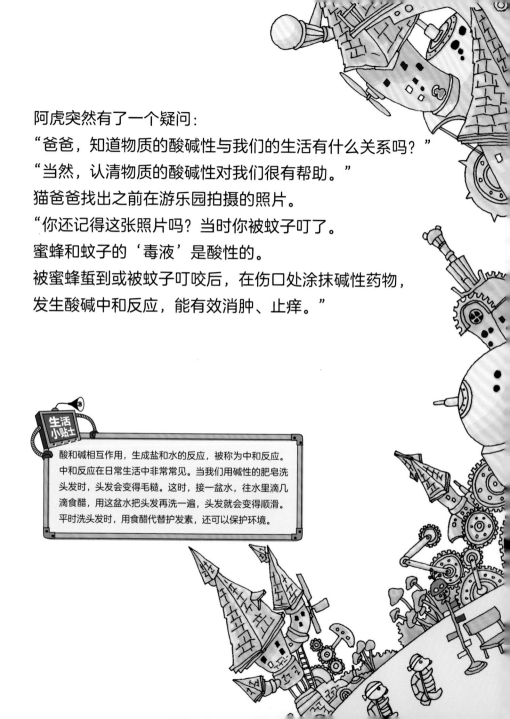

阿虎突然有了一个疑问：

"爸爸，知道物质的酸碱性与我们的生活有什么关系吗？"

"当然，认清物质的酸碱性对我们很有帮助。"

猫爸爸找出之前在游乐园拍摄的照片。

"你还记得这张照片吗？当时你被蚊子叮了。

蜜蜂和蚊子的'毒液'是酸性的。

被蜜蜂蜇到或被蚊子叮咬后，在伤口处涂抹碱性药物，

发生酸碱中和反应，能有效消肿、止痒。"

生活小贴士

酸和碱相互作用，生成盐和水的反应，被称为中和反应。中和反应在日常生活中非常常见。当我们用碱性的肥皂洗头发时，头发会变得毛糙。这时，接一盆水，往水里滴几滴食醋，用这盆水把头发再洗一遍，头发就会变得顺滑。平时洗头时，用食醋代替护发素，还可以保护环境。

种植合适的植物可以
阻止土壤酸化。

"近年来，严重的环境污染导致出现酸雨。
酸雨会腐蚀建筑物，影响植物正常生长。"
阿虎听了，瞪大眼睛问猫爸爸：
"酸雨还会影响蔬菜的生长吗？"
"哈哈哈，别太担心。
将碱性的石灰粉撒在被酸雨淋过的土壤中，
就可以让土壤变成中性，把酸雨的危害降到最低。"

撒一点儿石灰粉，让土壤变成中性。

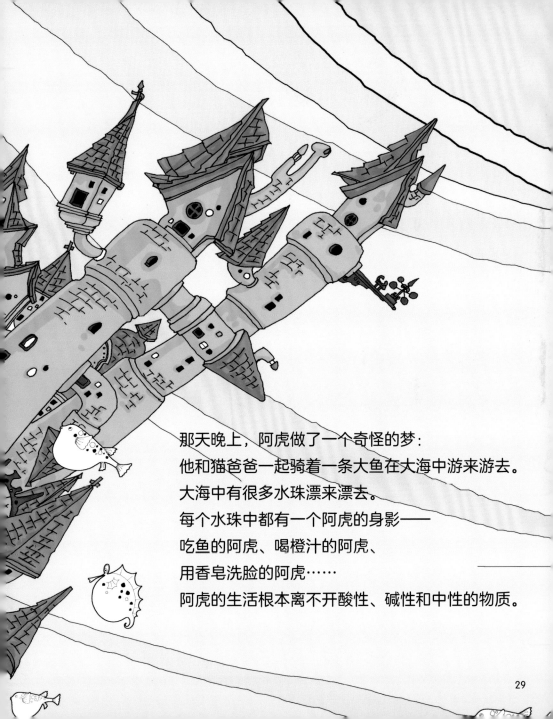

那天晚上，阿虎做了一个奇怪的梦：
他和猫爸爸一起骑着一条大鱼在大海中游来游去。
大海中有很多水珠漂来漂去。
每个水珠中都有一个阿虎的身影——
吃鱼的阿虎、喝橙汁的阿虎、
用香皂洗脸的阿虎……
阿虎的生活根本离不开酸性、碱性和中性的物质。

으뜸 사이언스 20 권

Copyright © 2016 by Korea Hermann Hesse Co., Ltd.

All rights reserved.

Originally published in Korea by Korea Hermann Hesse Co., Ltd.

This Simplified Chinese edition was published by Beijing Science and Technology Publishing Co., Ltd.

in 2022 by arrangement with Korea by Korea Hermann Hesse Co., Ltd.

through Arui SHIN Agency & Qiantaiyang Cultural Development (Beijing) Co., Ltd.

Simplified Chinese Translation Copyright © 2022 by Beijing Science and Technology Publishing Co., Ltd.

著作权合同登记号　图字：01-2021-5224

图书在版编目（CIP）数据

如果化学一开始就这么简单．了不起的酸碱魔法师 / 韩国赫尔曼出版社著；金银花译．—北京：
北京科学技术出版社，2022.3

ISBN 978-7-5714-1996-7

Ⅰ．①如… Ⅱ．①韩… ②金… Ⅲ．①化学—儿童读物 Ⅳ．① O6-49

中国版本图书馆 CIP 数据核字（2021）第 259470 号

策划编辑：石　婧　闫　娉	电　　话：0086-10-66135495（总编室）	
责任编辑：张　芳	0086-10-66113227（发行部）	
封面设计：沈学成	网　　址：www.bkydw.cn	
图文制作：杨严严	印　　刷：北京宝隆世纪印刷有限公司	
责任印制：张　良	开　　本：710 mm×1000 mm　1/20	
出 版 人：曾庆宇	字　　数：20 千字	
出版发行：北京科学技术出版社	印　　张：1.6	
社　　址：北京西直门南大街 16 号	版　　次：2022 年 3 月第 1 版	
邮政编码：100035	印　　次：2022 年 3 月第 1 次印刷	
ISBN 978-7-5714-1996-7		

定　　价：96.00 元（全 6 册）